全国 BIM 应用技能
考 评 大 纲

（暂行）

中国建设教育协会　组织编写

中国建筑工业出版社

图书在版编目（CIP）数据

全国BIM应用技能考评大纲（暂行）/中国建设教育协
会组织编写. —北京：中国建筑工业出版社，2015.2
　ISBN 978-7-112-17749-3

Ⅰ. ①全… Ⅱ. ①中… Ⅲ. ①建筑设计-计算机辅助
设计-职业技能-鉴定-考试大纲　Ⅳ. ①TU201.4-41

中国版本图书馆CIP数据核字（2015）第027131号

责任编辑：朱首明　李　明　李　阳
责任设计：陈　旭
责任校对：姜小莲　刘　钰

全国 **BIM** 应用技能考评大纲

（暂行）

中国建设教育协会　组织编写

*

中国建筑工业出版社出版、发行（北京西郊百万庄）
各地新华书店、建筑书店经销
北京红光制版公司制版
廊坊市海涛印刷有限公司印刷

*

开本：850×1168毫米　1/32　印张：1⅛　字数：18千字
2015年3月第一版　　2017年6月第五次印刷
定价：**8.00**元
ISBN 978-7-112-17749-3
（27026）

编写委员会名单

名誉主任：丁士昭　朱　光

主　　任：任　宏

副 主 任：王广斌　马智亮　王　静　孟凡贵

委　　员：（以下按姓氏笔画为序）

王廷魁　王全杰　牛治哓　向　敏

齐宝库　孙玉红　张　俊　张立杰

张洪军　张德海　赵　冬　赵　研

夏玲涛　顾　明　徐　迅　徐友全

陶红霞　黄林青　廖小烽

目　录

编　制　说　明

为更好地贯彻住房和城乡建设部《2011—2015年建筑业信息化发展纲要》文件精神，本着积极发挥机构主观能动性，承担更多社会责任的宗旨，中国建设教育协会整合多年院校及行业建筑信息模型（Building Information Modeling，简称"BIM"）培训资源及经验，向部委提出BIM应用型人才储备及培训计划，组织邀请行业标准编写机构、院校、行业知名企业几十位专家教授组成专项研讨组，经过多次复议、修改，于2014年编写完成《全国BIM应用技能考评大纲》。BIM应用技能考评大纲编写委员会于2014年12月1日起发布《全国BIM应用技能考评大纲》。

全国BIM应用技能考评是对BIM技术应用人员实际工作能力的一种考核，是人才选拔的过程，也是知识水平和综合素质提高的过程。考试大纲是考试命题的指导性文件，是建设工程BIM相关岗位专业技术人员复习备考的依据。本考试大纲的编制坚持"与我国BIM应用的实践相结合，与法律法规、标准规范相结合，与用人企业的实际需求相结合"的编制原则，力求在基本素质测试的基础上，结合工程项目实践，重点测试考生对于BIM知识与技术实际应用的能力。

中国建设教育协会 BIM 应用技能考评大纲分为三级，分别为 BIM 建模、专业 BIM 应用和综合 BIM 应用。

BIM 建模考评不区分专业，要求被考评者熟悉 BIM 的基本概念和内涵、技术特征，能掌握 BIM 软件操作和 BIM 基本建模方法。BIM 建模考核重点为模型创建能力，要求能够创建建筑工程的基本模型，进行标注、成果输出等应用。

专业 BIM 应用考评旨在检查被考评者在专业领域中应用 BIM 技术的知识和技能。按专业领域，本科目的考评分为 BIM 建筑规划与设计应用、BIM 结构应用、BIM 设备应用、BIM 工程管理应用（土建）、BIM 工程管理应用（安装）共五种类型。考察内容为结合专业，应用 BIM 技术的知识和技能。

综合 BIM 应用考评旨在检查被考评者对于 BIM 技术在建设项目全生命周期中的应用以及与 BIM 技术多专业、多单位综合协同应用的知识和技能。考察内容包括：组织编制和控制 BIM 技术应用实施规划、综合组织 BIM 技术多专业协同工作、BIM 模型及数据的质量控制以及多种 BIM 软件集成应用等能力，检查被考评者对 BIM 技术前沿和未来应用及潜在价值的认识能力。

鉴于 BIM 技术发展迅速，本大纲也将不断进行修改完善。

《全国 BIM 应用技能考评大纲》编写委员会

2014 年 12 月

考 试 说 明

为了帮助广大应考人员了解和熟悉全国 BIM 应用技能考评的内容和要求，现对考试的具体问题说明如下：

一、考试目的

BIM 技术是在二维计算机辅助设计（2D CAD）等技术基础上发展起来的多维建筑模型信息集成管理技术，是传统的二维设计建造方式向三维数字化设计建造方式转变的革命性技术，是促进绿色建筑发展、提高建筑产业信息化水平、推进智慧城市建设和实现建筑业转型升级的基础性技术。BIM 应用人员应是充分了解 BIM 相关管理、技术、法规的知识与技能，且综合素质较高的专业人才，既要具备一定的理论水平和建模基础，也要有一定的实践经验和组织管理能力。为了检验工程项目 BIM 从业人员的知识结构及能力是否达到以上要求，中国建设教育协会对建设工程项目 BIM 关键岗位的专业技术人员实行 BIM 应用技能考评。

二、考试性质

全国 BIM 应用技能考试属于中国建设教育协会设定的职业技能考试。通过全国统一考试，成绩合格者，由中国建设教育协会颁发统一印制的相应等级的《BIM 应用技能资格证书》。

三、考试内容及试题类型

全国 BIM 应用技能考评分"BIM 建模"、"专业 BIM 应用"和"综合 BIM 应用"三级。BIM 建模考评与 BIM 综合应用考评不区分专业。专业 BIM 应用考评分为 BIM 建筑规划与设计应用、BIM 结构应用、BIM 设备应用、BIM 工程管理应用（土建）、BIM 工程管理应用（安装）五种类型。考生在报名时根据工作需要和自身条件选择一个等级及专业进行考试。

四、报名条件

（一）BIM 建模考试申报条件：

土建类及相关专业在校学生，建筑业从业人员。

（二）专业 BIM 应用考试申报条件：

凡遵守国家法律、法规，具备下列条件之一者，可以申请参加 BIM 专项应用考试：

1. 通过 BIM 建模应用考试或具有 BIM 相关工作经验 3 年以上。

2. 取得全国范围或省级地方工程建设相关职业或执业资格证书，如一级或二级建造师、造价工程师、监理工程师、一级或二级注册建筑师、注册结构工程师、注册设备工程师等。

（三）综合 BIM 应用考试申报条件：

凡遵守国家法律、法规，具备下列条件之一者，可以申请参加 BIM 综合应用考试：

1. 通过专业 BIM 应用考试并具有 BIM 相关工作经验 3 年以上。

2. 工程建设相关专业专科及以上学历毕业，并具有 BIM 相关工作经验 5 年以上。

3. 取得全国范围工程建设相关职业或执业资格证书，如一级建造师、造价工程师、监理工程师、一级注册建筑师、注册结构工程师、注册设备工程师等。

4. 取得工程师及以上级别职称评定，并具有 BIM 相关工作经验 3 年。

五、考试办法

BIM 应用技能考评实行统一大纲、统一命题、统一组织的考试制度，由中国建设教育协会组织实施，原则上每年举行二次考试，考试时间暂定为每年的第二和第四季度。

三级考评的考试时间均为 3 小时，均以在计算机上进行答题和操作的方式进行。

BIM 建模考评大纲

1. BIM 基础知识

1.1 BIM 基本概念、特征及其发展

1.1.1 掌握 BIM 基本概念及内涵；

1.1.2 掌握 BIM 技术特征；

1.1.3 熟悉 BIM 工具及主要功能应用；

1.1.4 熟悉项目文件管理与数据转换方法；

1.1.5 熟悉 BIM 模型在设计、施工、运维阶段的应用、数据共享与协同工作方法；

1.1.6 了解 BIM 的发展历程及趋势。

1.2 BIM 相关标准

1.2.1 熟悉 BIM 建模精度等级；

1.2.2 了解 BIM 相关标准，如 IFC 标准、《建筑工程设计信息模型交付标准》、《建筑工程设计信息模型分类和编码标准》等。

1.3 施工图识读与绘制

1.3.1 掌握建筑类专业制图标准，如图幅、比例、字体、线型样式、线型图案、图形样式表达、尺寸标注等；

1.3.2 掌握正投影、轴测投影、透视投影的识读与绘制方法；

1.3.3 掌握形体平面视图、立面视图、剖视图、断面图、局部放大图的识读与绘制方法。

2. BIM 建模技能

2.1 BIM 建模软件及建模环境

2.1.1 掌握 BIM 建模的软件、硬件环境设置；

2.1.2 熟悉参数化设计的概念与方法；

2.1.3 熟悉建模流程；

2.1.4 熟悉相关软件功能。

2.2 BIM 建模方法

2.2.1 掌握实体创建方法，如墙体、柱、梁、门、窗、楼地板、屋顶与天花板、楼梯、管道、管件、机械设备等；

2.2.2 掌握实体编辑方法，如移动、复制、旋转、偏移、阵列、镜像、删除、创建组、草图编辑等；

2.2.3 掌握在 BIM 模型生成平、立、剖、三维视图的方法；

2.2.4 掌握实体属性定义与参数设置方法；

2.2.5 掌握 BIM 模型的浏览和漫游方法；

2.2.6 了解不同专业的 BIM 建模方法。

2.3 标记、标注与注释

2.3.1 掌握标记创建与编辑方法；

2.3.2 掌握标注类型及其标注样式的设定方法；

2.3.3 掌握注释类型及其注释样式的设定方法。

2.4 成果输出

2.4.1 掌握明细表创建方法；

2.4.2 掌握图纸创建方法，包括图框、基于模型创建的平、立、剖、三维视图、表单等；

2.4.3 掌握视图渲染与创建漫游动画的基本方法；

2.4.4 掌握模型文件管理与数据转换方法。

专业 BIM 应用考评大纲

1. 建筑设计 BIM 应用
（相关专业：建筑学、建筑工程）

1.1 BIM 模型维护

1.1.1 掌握构件的增加、删除、修改方法；

1.1.2 熟悉相关软件功能。

1.2 BIM 数据交换

1.2.1 掌握相关 BIM 模型数据的导入方法；

1.2.2 掌握导出相关应用所需 BIM 模型数据的方法；

1.2.3 了解 BIM 数据标准、BIM 数据格式以及 BIM 数据相关标准，熟悉相关软件功能。

1.3 基于 BIM 的碰撞检查

1.3.1 掌握本专业内构件之间的软、硬碰撞检查方法；

1.3.2 掌握多专业间的碰撞检查的配合方法；

1.3.3 了解基于 BIM 碰撞检查功能的原理，熟悉相关软件功能、本专业的相关技术要求及规范。

1.4 基于 BIM 的沟通

1.4.1 掌握 BIM 模型的浏览方法；

1.4.2 掌握对 BIM 模型进行剖切展示的方法；

1.4.3 掌握在 BIM 模型中进行漫游的方法；

1.4.4 掌握在 BIM 模型中对问题点进行标记与管理的方法；

1.4.5 熟悉相关软件功能。

1.5 基于 BIM 的图档输出

1.5.1 掌握视图设置及图纸布置方法，使之满足专业图纸规范；

1.5.2 掌握在图档中加入标注与注释的方法；

1.5.3 掌握图档输出设置方法；

1.5.4 熟悉相关软件功能、本专业的相关技术要求及规范。

1.6 基于 BIM 的能耗分析

1.6.1 熟悉能耗分析的参数设置方法；

1.6.2 熟悉对项目进行能耗分析的方法；

1.6.3 熟悉对项目进行调整的方法，以满足节能的需要；

1.6.4 了解基于 BIM 的能耗分析原理，熟悉相关软件功能、本专业的相关技术要求及规范。

1.7　基于 BIM 的日照采光分析

1.7.1　掌握环境信息和采光属性的设置方法；

1.7.2　掌握对项目进行日照分析的方法，并能根据项目分析结果给出合理的设计修改建议；

1.7.3　熟悉对项目进行采光分析的方法，并能根据项目分析结果给出合理的设计修改建议；

1.7.4　了解基于 BIM 的日照采光分析原理，熟悉相关软件功能、本专业的相关技术要求及规范。

1.8　基于 BIM 的风环境分析

1.8.1　掌握建筑物周围风环境模拟方法，并能根据项目分析结果给出合理的设计修改建议；

1.8.2　掌握室内通风分析方法，并能根据项目分析结果给出合理的设计修改建议；

1.8.3　了解基于 BIM 的风环境分析原理，熟悉相关软件功能。

2. 结构工程 BIM 应用

（相关专业：土木工程、建筑工程、道路与桥梁工程、地下与岩土）

2.1 BIM 模型维护

2.1.1 掌握构件的增加、删除、修改方法；

2.1.2 熟悉相关软件功能。

2.2 BIM 数据交换

2.2.1 掌握相关 BIM 模型数据的导入方法；

2.2.2 掌握导出相关应用所需 BIM 模型数据的方法；

2.2.3 了解 BIM 数据标准、BIM 数据格式以及 BIM 数据相关标准，熟悉相关软件功能。

2.3 基于 BIM 的碰撞检查

2.3.1 掌握本专业内构件之间的软、硬碰撞检查方法；

2.3.2 掌握多专业间的碰撞检查的配合方法；

2.3.3 了解基于 BIM 的碰撞检查功能的原理，熟悉相关软件功能、本专业的相关技术要求及规范。

2.4 基于 BIM 的沟通

2.4.1 掌握 BIM 模型的浏览方法；

2.4.2 掌握对 BIM 模型进行剖切展示的方法；

2.4.3 掌握在 BIM 模型中进行漫游的方法；

2.4.4 掌握在 BIM 模型中对问题点进行标记与管理的方法；

2.4.5 熟悉相关软件功能。

2.5 基于 BIM 的结构构件（体系）属性定义及分析

2.5.1 掌握结构构件属性定义与参数设置方法；

2.5.2 掌握结构体系的加载方法；

2.5.3 掌握框架结构、剪力墙结构、框架-剪力墙结构等常见结构的计算分析方法。

2.6 基于 BIM 的图档输出

2.6.1 掌握视图设置及图纸布置方法，使之满足专业图纸规范；

2.6.2 掌握在图档中加入标注与注释的方法；

2.6.3 掌握图档输出设置方法；

2.6.4 熟悉相关软件功能、本专业的相关技术要求及规范。

3. 设备工程 BIM 应用

（相关专业：给水排水工程、供暖通风与空调工程、供配电工程）

3.1 BIM 模型维护

3.1.1 掌握管道及设备的增加、删除、修改方法；

3.1.2 熟悉相关软件功能。

3.2 BIM 数据交换

3.2.1 掌握相关 BIM 模型数据的导入方法；

3.2.2 掌握导出相关应用所需 BIM 模型数据的方法；

3.2.3 了解 BIM 数据标准、BIM 数据格式以及 BIM 数据相关标准，熟悉相关软件功能。

3.3 基于 BIM 的碰撞检查

3.3.1 掌握本专业内管道及设备之间的软、硬碰撞检查方法；

3.3.2 掌握多专业间的碰撞检查的配合方法；

3.3.3 了解基于 BIM 的碰撞检查功能的原理，熟悉相关软件功能、本专业的相关技术要求及规范。

3.4 基于 BIM 的沟通

3.4.1 掌握 BIM 模型的浏览方法；

3.4.2 掌握对 BIM 模型进行剖切展示的方法；

3.4.3 掌握在 BIM 模型中进行漫游的方法；

3.4.4 掌握在 BIM 模型中对问题点进行标记与管理的方法；

3.4.5 熟悉相关软件功能。

3.5 基于 BIM 的 4D 施工方案模拟

3.5.1 掌握按照 4D 施工方案模拟要求对 BIM 模型进行完善的方法；

3.5.2 掌握将进度计划与 BIM 模型进行关联的方法；

3.5.3 掌握施工动画制作方法；

3.5.4 掌握根据模拟结果调整施工方案的方法；

3.5.5 熟悉软件相关功能。

3.6 基于 BIM 的深化设计

3.6.1 掌握所涵盖的各专业的深化设计方法；

3.6.2 掌握利用 BIM 模型生成指导施工使用的平面图、剖面图、系统图及详图的方法；

3.6.3 掌握利用 BIM 模型完成所涵盖的各专业系统分析与校核计算的方法；

3.6.4 了解所涵盖的基于 BIM 的各专业系统分析的

原理，熟悉相关软件功能。

3.7 基于 BIM 的设备运行模拟

3.7.1 掌握利用 BIM 模型进行管道系统运行工况参数的查询方法；

3.7.2 掌握利用 BIM 模型进行管道系统安装与调试工作的方法；

3.7.3 熟悉相关软件功能。

4. 工程管理 BIM 应用（土建类）
（相关专业：工程管理、土木工程、建筑工程造价）

4.1 BIM 模型维护

4.1.1 掌握构件或管道和设备的增加、删除、修改方法；

4.1.2 熟悉相关软件功能。

4.2 BIM 数据交换

4.2.1 掌握相关 BIM 模型数据的导入方法；

4.2.2 掌握导出相关应用所需 BIM 模型数据的方法；

4.2.3 了解 BIM 数据标准、BIM 数据格式以及 BIM 数据相关标准，熟悉相关软件功能。

4.3 基于 BIM 的碰撞检查

4.3.1 掌握本专业内构件或管道和设备之间的软、硬碰撞检查方法；

4.3.2 掌握多专业间的碰撞检查的配合方法；

4.3.3 了解基于 BIM 的碰撞检查功能的原理，熟悉相关软件功能、本专业的相关技术要求及规范。

4.4 基于 BIM 的沟通

4.4.1 掌握 BIM 模型的浏览方法；

4.4.2 掌握对 BIM 模型进行剖切展示的方法；

4.4.3 掌握在 BIM 模型中进行漫游的方法；

4.4.4 掌握在 BIM 模型中对问题点进行标记与管理的方法；

4.4.5 熟悉相关软件功能。

4.5 基于 BIM 的施工现场管理

4.5.1 掌握建立施工现场布置 BIM 模型的方法；

4.5.2 掌握依据施工方案进行大型机械建模的方法；

4.5.3 掌握场地布置的合理性分析方法；

4.5.4 掌握依据施工的不同阶段进行场地调整的方法；

4.5.5 掌握对施工现场布置方案进行经济合理性分

析的方法；

4.5.6 熟悉施工现场布置要求与规范及相关软件功能。

4.6 基于 BIM 的工艺设计与模拟

4.6.1 掌握工序模拟方法；

4.6.2 掌握施工动画制作方法；

4.6.3 掌握根据模拟结果调整工艺方案的方法；

4.6.4 熟悉相关软件功能；

4.6.5 掌握依据建筑工程 BIM 模型设计模板的方法；

4.6.6 掌握依据建筑工程 BIM 模型设计脚手架的方法。

4.7 基于 BIM 的 4D 施工方案模拟

4.7.1 掌握按照 4D 施工方案模拟要求对建筑工程 BIM 模型进行完善的方法；

4.7.2 掌握将进度计划与建筑工程 BIM 模型进行关联的方法；

4.7.3 掌握施工动画制作方法；

4.7.4 掌握根据模拟结果调整施工方案的方法；

4.7.5 熟悉软件相关功能。

4.8 基于 BIM 的算量及计价

4.8.1 掌握按照算量要求对建筑工程 BIM 模型进行

完善的方法；

4.8.2 掌握结合建筑工程 BIM 模型进行钢筋信息的
录入方法；

4.8.3 掌握按清单和定额的要求，将建筑工程 BIM
模型与清单和定额进行关联的方法；

4.8.4 掌握建筑工程的算量及组价方法；

4.8.5 掌握按材料信息价调整工程造价的方法；

4.8.6 掌握按计费规则调整费用的方法；

4.8.7 掌握编制钢筋下料单、进行钢筋优化的方法；

4.8.8 熟悉工程量清单计价规范、各地定额或消耗
量、平法系列图集、各相关图集及各相关软
件功能。

4.9 基于 BIM 的 5D 施工管理

4.9.1 掌握按照 5D 施工管理要求对建筑工程 BIM 模
型进行完善的方法；

4.9.2 掌握将进度计划与建筑工程 BIM 模型进行关
联的方法；

4.9.3 掌握将建筑工程 BIM 模型与造价匹配进行关
联的方法；

4.9.4 掌握根据项目的实际进度调整建筑工程 BIM
模型的方法；

4.9.5 掌握按进度查看建筑工程 BIM 模型的方法；

4.9.6 掌握按进度或施工段从建筑工程 BIM 模型提

取工程造价的方法；

4.9.7 掌握按进度或施工段从建筑工程 BIM 模型提取主要材料的方法；

4.9.8 了解基于 BIM 的施工进度、施工组织与管理、工程造价原理，熟悉相关软件功能。

5. 工程管理 BIM 应用（安装类）
（相关专业：工程管理、供电配电工程、给水排水工程、安装工程造价工程）

5.1 BIM 模型维护

5.1.1 掌握构件或管道和设备的增加、删除、修改方法；

5.1.2 熟悉相关软件功能。

5.2 BIM 数据交换

5.2.1 掌握相关 BIM 模型数据的导入方法；

5.2.2 掌握导出相关应用所需 BIM 模型数据的方法；

5.2.3 了解 BIM 数据标准、BIM 数据格式以及 BIM 数据相关标准，熟悉相关软件功能。

5.3 基于 BIM 的碰撞检查

5.3.1 掌握本专业内构件或管道和设备之间的软、

硬碰撞检查方法；

5.3.2 掌握多专业间的碰撞检查的配合方法；

5.3.3 了解基于 BIM 的碰撞检查功能的原理，熟悉相关软件功能、本专业的相关技术要求和规范以及相关软件功能。

5.4 基于 BIM 的沟通

5.4.1 掌握 BIM 模型的浏览方法；

5.4.2 掌握对 BIM 模型进行剖切展示的方法；

5.4.3 掌握在 BIM 模型中进行漫游的方法；

5.4.4 掌握在 BIM 模型中对问题点进行标记与管理的方法；

5.4.5 熟悉相关软件功能。

5.5 基于 BIM 的施工现场管理

5.5.1 掌握建立施工现场布置 BIM 模型的方法；

5.5.2 掌握场地布置的合理性分析方法；

5.5.3 掌握依据施工的不同阶段进行场地调整的方法；

5.5.4 掌握对施工现场布置方案进行经济合理性分析的方法；

5.5.5 掌握依据施工方案进行大型机械建模的方法；

5.5.6 熟悉施工现场布置要求与规范及相关软件功能。

5.6 基于 BIM 的 4D 施工方案模拟

5.6.1 掌握按照 4D 施工方案模拟要求对安装工程 BIM 模型进行完善的方法;

5.6.2 掌握将进度计划与安装工程 BIM 模型进行关联的方法;

5.6.3 掌握施工动画制作方法;

5.6.4 掌握根据模拟结果调整施工方案的方法;

5.6.5 熟悉软件相关功能。

5.7 基于 BIM 的算量及计价

5.7.1 掌握按照算量要求对安装工程 BIM 模型进行完善的方法;

5.7.2 掌握按清单与定额的要求,将安装工程 BIM 模型与清单、定额进行关联的方法;

5.7.3 掌握结合安装工程 BIM 模型套用清单与定额的方法;

5.7.4 掌握安装工程的算量及组价方法;

5.7.5 掌握安装各专业的工程组价方法;

5.7.6 掌握按材料信息价调整工程造价的方法;

5.7.7 掌握按计费规则调整费用的方法;

5.7.8 熟悉工程量清单计价规范、各地定额或消耗量及各相关软件功能。

5.8 基于 BIM 的 5D 施工管理

5.8.1 掌握按照 5D 施工管理要求对安装工程 BIM 模型进行完善的方法；

5.8.2 掌握将进度计划与安装工程 BIM 模型进行关联的方法；

5.8.3 掌握将安装工程 BIM 模型与造价匹配进行关联的方法；

5.8.4 掌握根据项目的实际进度对安装工程 BIM 模型进行调整的方法；

5.8.5 掌握按进度查看安装工程 BIM 模型的方法；

5.8.6 掌握按进度或施工段从安装工程 BIM 模型提取工程造价的方法；

5.8.7 掌握按进度或施工段从安装工程 BIM 模型提取主要材料用量的方法；

5.8.8 熟悉基于 BIM 的施工进度、施工组织与管理、工程造价原理及相关软件功能。

综合 BIM 应用考评大纲

1. BIM 实施规划及控制

1.1 BIM 实施规划

1.1.1 掌握项目级 BIM 应用规划的编制内容；

1.1.2 掌握项目级 BIM 应用规划编制的组织方法；

1.1.3 熟悉企业级 BIM 实施规划的编制内容和方法；

1.1.4 熟悉 BIM 实施标准的制定方法；

1.1.5 熟悉 BIM 技术应用的流程设计方法；

1.1.6 掌握建立 BIM 模型资源管理的方法；

1.1.7 掌握建设项目各阶段 BIM 交付物内容与深度的确定方法；

1.1.8 熟悉 BIM 模型的创建、管理和共享的原理和方法；

1.1.9 熟悉 BIM 应用的软硬件系统方案的选择原则和方法。

1.2 BIM 实施规划的控制

1.2.1 掌握 BIM 应用各参与方任务分工与职责划分

的原则和方法；

1.2.2 掌握 BIM 实施规划的控制原则和方法；

1.2.3 掌握计划和组织 BIM 模型协调会议的方法；

1.2.4 掌握工程合同中有关 BIM 技术应用的条款内容和编制方法。

2. BIM 模型的质量管理与控制

2.1 BIM 模型的质量管理制度及责任体系

2.1.1 掌握 BIM 模型质量管理的基本内容、方法和流程；

2.1.2 熟悉 BIM 模型生成和使用过程质量管理中的各参与方责任划分方法；

2.1.3 熟悉 BIM 模型事前、事中、事后控制和后评价的基本方法。

2.2 BIM 模型的审阅与批注

2.2.1 掌握 BIM 模型审阅的工作内容要点和方法；

2.2.2 掌握 BIM 模型文件浏览、场景漫游、构件选择、信息读取、记录和批注的方法；

2.2.3 熟悉 BIM 模型生成、使用的常用软件和文件格式。

2.3 BIM 模型的版本管理与迭代

2.3.1 熟悉版本管理的基本工具和方法;

2.3.2 掌握模型组成部分的版本属性读取和更替迭代方法。

3. BIM 模型多专业综合应用

3.1 设计阶段 BIM 模型多专业综合

3.1.1 掌握设计阶段多专业间的模型和数据共享、集成和协同管理的原则和方法;

3.1.2 掌握多专业碰撞检测规则制定、管理和控制的方法;

3.1.3 熟悉多专业 BIM 模型整合(合成)或分解的原则和方法。

3.2 施工阶段 BIM 模型多专业综合

3.2.1 掌握工程施工阶段 BIM 模型间的共享、合成和协同管理的原则和方法;

3.2.2 掌握施工阶段软、硬碰撞检测规则制定、管理控制的方法;

3.2.3 熟悉应用 BIM 技术进行施工方案模拟与优化分析的方法;

3.2.4 熟悉根据 4D 和 5D 模拟结果调整施工方案的

方法；

3.2.5 熟悉施工阶段 BIM 模型与工程实际施工情况协同管理和控制的原则和方法。

4. BIM 的协同应用管理

4.1 设计阶段 BIM 模型协同工作

4.1.1 掌握设计阶段 BIM 模型协同管理的原理和方法；

4.1.2 掌握设计阶段 BIM 模型协同管理的组织和流程设计方法；

4.1.3 熟悉设计单位企业级协同管理平台的建立原则和方法；

4.1.4 熟悉常用的设计阶段基于 BIM 应用的协同管理平台和软件。

4.2 施工阶段 BIM 模型协同工作

4.2.1 掌握施工阶段 BIM 模型协同管理的原理和方法；

4.2.2 掌握施工阶段 BIM 模型协同管理的组织和流程设计方法；

4.2.3 熟悉建立施工单位企业级协同管理平台的建立原则和方法；

4.2.4 熟悉施工阶段基于 BIM 应用的常用协同管理

平台和软件。

4.3　业主方 BIM 协同管理工作

4.3.1　熟悉业主方 BIM 技术应用和实施的组织模式类型及选择方法；

4.3.2　掌握业主方 BIM 模型协同管理的原则和方法；

4.3.3　掌握业主方 BIM 模型协同管理的组织和流程设计方法；

4.3.4　熟悉常用的基于 BIM 应用的协同管理平台和软件。

5. BIM 的扩展应用

5.1　与信息通信技术结合

5.1.1　了解 BIM 云平台概念和原理；

5.1.2　熟悉整合 BIM 与移动设备的相关应用；

5.1.3　熟悉整合 BIM 与无线射频技术（RFID）的相关应用；

5.1.4　了解整合 BIM 与企业 ERP 的应用；

5.1.5　了解整合 BIM 和地理信息系统（GIS）的相关应用。

5.2　软件集成开发管理

5.2.1　熟悉软件开发的一般程序和步骤；

5.2.2　熟悉 BIM 应用开发需求分析的方法；

5.2.3　了解软件系统架构设计的一般方法。

5.3　与绿色建筑的结合

5.3.1　熟悉绿色建筑与 BIM 技术应用结合的应用点和方法；

5.3.2　了解中国和美国绿色建筑评价体系。

5.4　与建筑产业现代化的结合

5.4.1　了解建筑产业现代化的基本概念和内涵；

5.4.2　熟悉建筑信息化和工业化融合的概念和方法；

5.4.3　熟悉 BIM 技术在建筑产业现代化中应用的前景、应用点和应用方法。